LA QUESTION DU JOUR

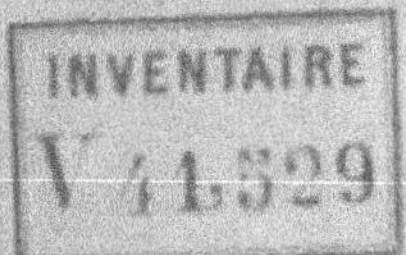

RICHESSE

ou

RUINE DE LA FRANCE

PAR

CHARLES HENRY

Prix : un franc

PARIS

AU BUREAU DU *Moniteur industriel*

13, Rue des Martyrs

1870

RICHESSE

ou

RUINE DE LA FRANCE

RICHESSE

ou

RUINE DE LA FRANCE

PAR

CHARLES HENRY

Prix : un franc

PARIS

AU BUREAU DU *Moniteur industriel*

13, Rue des Martyrs

1870

RICHESSE

ou

RUINE DE LA FRANCE

I

Les trois armées

La solennité de cette heure grandit singuliè-
rement si l'on songe que l'enquête parlementaire tient dans ses mains les destinées de la
France.

J'aime mon pays, et je m'étonne qu'il faille
poser cette question étrange : « Un gouvernement doit-il protéger le pays ou l'étranger, le riche ou le pauvre ? »

Si deux gendarmes passent lentement dans la
plaine avec leurs grands chevaux et l'uniforme

des vieilles troupes françaises qui brille de loin au soleil, le voleur et le brigand se sauvent, celui que tente un mauvais dessein le repousse, et l'honnête homme travaille en paix : c'est la force qui passe, la force qui protége ; la gendarmerie est l'armée du citoyen. Direz-vous qu'il faut la supprimer, parce qu'un citoyen qui ne peut subsister sans être protégé doit être abandonné ?

La troupe protége le pays contre l'ennemi. Direz-vous qu'il faut la supprimer, parce qu'un pays qui ne peut subsister sans être protégé doit être abandonné ?

Le soldat dort la nuit sur la foi de quelques sentinelles et de nos hommes d'État ; ceux-là seuls qui sont aux frontières sont à leur poste, le reste attend, tous ne protégent la patrie que par leur présence, et rares sont les heures du combat.

Le gendarme est toujours à son poste et en campagne, il dort la nuit sur la confiance et la crainte qu'il inspire.

Mais il est un soldat toujours en campagne, debout le jour, et, tandis qu'il dort à la belle étoile, un camarade, souvent un chien vigoureux veille sur le sentier où la nuit, la neige, la tempête ou le silence cachent le pas du contrebandier. Les chefs, dans la tournée nocturne, vérifient si l'on est aux postes désignés ; la brigade prend chaque jour des nouvelles des brigades voisines à un chêne sur la montagne, un pont dans la vallée, une roche sauvage, et de proche en proche la garde s'étend sur toute la frontière de France, le long de la Manche, de la mer du Nord, de la forêt des Ardennes, du Rhin, des Alpes, de la Méditerranée, des monts Pyrénéens et de l'Océan. Direz-vous que c'est un homme inutile cet homme de peine, ce soldat de l'industrie qui expose sa vie et tient les yeux ouverts pendant votre sommeil pour défendre votre travail? Direz-vous qu'il faut supprimer l'armée de l'ouvrier, parce qu'un ouvrier qui ne peut subsister sans être protégé doit être abandonné?

Si on la supprime, elle n'enseignera plus à nos soldats les détours de la frontière envahie; elle n'organisera plus la défense comme on l'a vu faire en mainte place contre le Prussien; l'impunité de l'autre côté de la frontière infestera nos confins; nos industries qui pourraient grandir avec un peu de protection, seront arrêtées brusquement; celles qui fleurissent mais produisent à un prix supérieur, de si peu que ce soit, au prix étranger, seront renversées; la fortune ira aux privilégiés de la nature, les peuples à leur discrétion, la liberté aux choses, l'esclavage aux gens; l'Angleterre, qui produit à nos portes dix fois plus qu'elle ne consomme (Thiers), n'aura qu'à nous détacher à vils deniers une faible partie de sa production pour écraser notre commerce et notre industrie, et nous imposer les prix qu'elle voudra, à l'heure qu'elle voudra ; l'entente de quelques puissances, un conflit, un bruit de guerre ou simplement des pays qui s'organisent, comme l'Autriche, de tributaires devenus nos émules redoutables et nos fournisseurs, nous fermant les débouchés qui auraient grossi certains de nos établissements outre mesure, ceux-ci nous accableraient de produits sans acheteurs, causeraient des ruines effroyables et, s'ils résistaient, offriraient à nos yeux le spectacle de quelques hommes se partageant la fortune publique, en sorte que ce que l'on croyait notre prospérité se changerait en une lamentable calamité ; n'ayant pas les fers sur place dans les guerres et ne pouvant les tenir de l'ennemi, nous ne saurions prolonger la lutte qu'il précipiterait ; nous nous mettons à la merci de l'étranger que nous craignons, ainsi que le témoigne une armée qui croît tous les jours ; dépendant de tous, excepté pour le vin, peuple à qui l'univers fera la charité, nous n'oserons remuer dans le monde.

Ah ! conservons ces trois armées, l'armée du citoyen, l'armée de la patrie, l'armée de l'ouvrier, la gendarmerie, la troupe et la douane qui, avec la magistrature, les fonctionnaires et les Chambres, gardent la France contre les particuliers et l'étranger.

II

Les chiffres

A l'aspect des ruines qui couvrent la France, je ne cherche pas des chiffres, des idées, des mots pour faire croire à son bonheur.

Je hais les chiffres. Le jour où les chiffres favoris de nos adversaires ne seront pas répétés deux et trois fois, où l'on ne pèsera plus comme rubans le bois qui les porte, où des douanes ils arriveront directement se faire dépouiller par une commission des Chambres, et non par eux, qui peuvent nous tromper, ce jour-là nous accueillerons leurs chiffres : en attendant nous les réprouvons comme chiffres déshonnêtes ou qui peuvent l'être.

Qu'en avons-nous besoin, lorsqu'ils reconnaissent eux-mêmes que la matière première et à plus forte raison les produits ne valent guère que leur travail. En effet, si l'on part de l'origine d'un objet pour le suivre sous ses générations diverses jusqu'à l'instant qui l'offre à nos yeux, on touche du doigt que la matière n'est rien, dans un fusil par exemple, et que le travail et l'esprit en composent presque toute la valeur : chose surprenante et qui n'est pas le moindre signe de la grandeur d'une nation, de transfigurer ainsi la matière. Pourquoi la tenir de l'étranger quand nous l'avons? quand, ainsi que la mine, la houille et la laine, elle occupe tant de bras que les peuples semblent marcher sur un chemin d'or? quand un abaissement léger de sa valeur supprime tant de travail et diminue à peine la valeur des objets finis ?

Si nos adversaires n'ont pas fait ces études, qu'ils les fassent! S'ils les ont faites, de quel droit dépouiller la France, pour en faire présent à l'étranger, du travail qui faisait sa richesse?

La France est-elle battue ?

La France ne doit pas, si j'ose me permettre cette expression, mettre la charrue devant les chevaux, allant en quête, avec les rêveurs, de la vie à bon marché avant d'aller en quête de l'argent pour payer cette vie.

L'homme prudent calcule juste, s'il achète ou vend une pièce de drap. Achètera-t-il un établis-

sement à sa valeur ? Non, car il serait bien no-
vice de ne pas se ménager une somme relative-
ment considérable pour faire face à l'imprévu :
il l'achètera pour rien. Les usines s'achètent pour
rien, et cependant beaucoup échouent ou lan-
guissent. Un atelier ne vaut qu'autant qu'on le
fait marcher. Lorsque le sage raisonne ainsi, lan-
cera-t-on la France dans une lutte avec l'étranger, dont les chances ou tarifs douaniers seront
calculés mathématiquement ? Ce serait perdre
le sens.

Je hais vos chiffres même exacts, je hais vos
calculs s'il n'y entre le grand chiffre, le chiffre
sauveur du possible.

Je n'en produirai un petit nombre qu'en guise
de lumière à une injustice ou à certaines de ces
éventualités, et m'attacherai à ceux que l'on
pourra, sans détruire mon raisonnement, aug-
menter ou diminuer à loisir de centaines de mille,
de millions, parfois de milliards d'unités.

III

Voyage à la recherche de la liberté

On prétend nous donner la liberté !

Voyons où est cette liberté dont on fait tant d'éclat ? car si l'on m'annonce une chose, j'aime à la voir. Faisons un voyage à la recherche de la liberté.

Nous ne payions autrefois qu'une patente : aujourd'hui nous payons patente de maîtres de forges, patente de marchands de bois, patente de marchands de fers.

Sur l'eau, dans les forêts, les minières, je me heurte partout aux exigences des administrations.

L'étranger me *vend* la houille qui me manque, je lui *donne* la mine qui lui fait défaut : il pèse un droit sur l'entrée des houilles, il n'en pèse pas sur la sortie des minerais.

Je paie des droits sur les canaux et les canaux sont négligés; les largeurs et profondeurs variables de ceux qui communiquent entre eux m'obligent à prendre un petit bateau dont le voyage me coûte aussi cher ou à transborder plusieurs fois, et leurs chômages successifs, par exemple, à

perdre six ou huit mois pour aller du Nord à...
Strasbourg : « Pendant ce temps, ajoute M. Emile
Giros au congrès des maîtres de forges, à Saint-
Dizier, les Anglais vont aux Indes et en revien-
nent (1). »

Les bateaux ne montent plus la Meuse qui nous
amènerait la houille à un centime par kilomètre ;
on nous en promet la canalisation depuis l'an de
grâce 1837 et la veille de chaque élection ; on l'a
laissé succomber dans une lutte à mort avec les
chemins de fer.

Ceux-ci favorisent les grands parcours et l'é-
tranger afin d'avoir le plus de transports possible,
d'où se fondent à leurs extrémités des établissements qui écrasent le mien, et en certaines places
on diminue les tarifs parce que là précisément se
trouve certaine usine que l'on privilégie encore
pour m'achever.

Leurs tarifs, de quelques pages à l'origine,
grossissent maintenant d'énormes volumes sans

(1) Voir aussi la circulaire de la Chambre de
commerce de Saint-Dizier, du 15 mai 1870, et la
remarquable note à M. le ministre des travaux
publics sur les chômages des canaux, par M. C. de
Marsilly, directeur général de la Compagnie des
mines d'Anzin et membre du conseil général du
département du Nord.

cesse renouvelés, que je n'ai pas le temps d'étudier si j'en veux consacrer à mes affaires. Je ne sais quelle dénomination donner à mes marchandises ni quel tarif demander, car il y a dénomination et dénomination, tarif et tarif, et, pour un mot que je ne connais pas, moi qui paie, on peut m'accabler de tarifs désastreux. Tout change et se complique encore d'une Compagnie de chemin de fer à l'autre. Je fais une entreprise, un tarif changeant me ruine et m'interdit les longs marchés et les vastes entreprises : des sociétés établies pour me servir me deviennent, le jour qu'elles le veulent, comme ces hommes qui attendaient le voyageur sur les fleuves pour le rançonner.

Une vallée inondée tous les hivers et une rivière au lit capricieux séparent le chemin de fer du canal des Ardennes et des forges de Flize et Brévilly.

Les industriels de Paris, la ville de la France et ce grand marché, ne paient pas l'octroi qu'ils devraient payer : deux fonderies de la capitale ont fait, en 1869, 10,000 tonnes de colonnes sans débourser 240,000 fr. que la province aurait déboursés (M. André, au congrès des maîtres de forges à Saint-Dizier). Les Français n'ont pas chez eux, aux portes des villes, la liberté qu'ils donnent aux frontières à l'étranger.

L'armée me prend mes ouvriers et mes employés.

Je paie les impôts, les routes, les canaux, les chemins de fer ; je garantis à ces derniers un intérêt, je verse mon sang pour défendre la patrie, je me persuade que les lois me protégeront, et si je veux fondre mon minerai, on me dit : « Vous ne le fondrez pas. La Suède, qui ne supporte pas une de ces charges, qui n'offre pas une goutte de son sang pour la France, qui peut-être la combattra demain, fondra les siens. Je cherche la *liberté*, je trouve des *traités*, des chaînes ; je cherche la liberté partout, je ne la trouve nulle part.

La liberté, eh ! que réclamons-nous d'autre ? Oui, nous la réclamons au nom de nos sueurs et de notre sang ; nous réclamons notre droit de faire nos affaires à notre guise, le droit de chacun d'être maître chez soi, le droit de vivre, la liberté de ne pas mourir, et nous nous étonnons que vous forciez notre seuil et que vous veniez nous dire : « La liberté, vous ne l'aurez pas. — Nous l'aurons, ou je meure : je ne connais pas la Suède ! »

La France est-elle une mère dénaturée qui tue ses enfants et, s'ils se meurent, au lieu de les couver de cet amour jaloux qu'on réserve à son enfant infirme, les achève pour adopter l'enfant de l'étrangère, leur donne *la liberté* pour se passer *d'un devoir?*

Avenir, je te contemple, je te salue.

Les forêts, les minières, les portes des villes ont recouvré l'antique liberté; la France n'abandonne plus ses enfants; elle a tenu la promesse auguste, elle a racheté les canaux qui appartiennent aux particuliers; sur les voies navigables, d'un même lit, une pleine charge vogue dans le même bateau, les péages et droits sont un souvenir féodal, les chômages sont supprimés par des machines à draguer; le réseau liquide est complété, amélioré et soigneusement entretenu, ces marcheurs éternels qui mènent la richesse avec l'économie des transports; la Meuse, l'eau rendue calme et profonde réunissant les mers de Hollande, Paris et l'Océan, nous apporte la houille à un centime par kilomètre, remporte blés et mines; des tarifs simples, inflexibles, sans surprise ni privilége pour personne, et les mêmes, de tant par kilomètre, règnent sur tous les chemins de fer français; les chemins de fer et les canaux rayonnent aux usines et partout se tendent la main; les transports réduits apprennent aux marchandises étrangères à traverser la France sans s'y arrêter, à notre trop plein à gagner les frontières; une administration jalouse veillant sur la rose des chemins de fer, et une administration distincte sur la rose des canaux, établissent entre elles un tempérament heureux et, de maîtresses, les font servantes de la fortune française ; l'étranger paie à nos portes notre liberté recouvrée à l'intérieur, le droit du travail, le droit des impôts, le droit du sang.

Avenir, je te salue, et, après ces années, respirant enfin, je te rends grâce du bonheur que tu vas nous rendre.

IV

Deux villes qui font échec à la France

On nous oppose les vins et les soies.

Nos magnifiques soieries passeront les rivages ; mais on ne dérobera pas à Lyon l'ouvrier héréditaire, l'industrie enracinée, la tradition, et avant tout ce goût français, le désespoir et la joie de l'univers.

Et pour les vins, il ne sera pas difficile de dépasser cette fameuse quantité que nous en débarquons sur les côtes anglaises, c'est-à-dire juste autant que le département du Nord en consomme à lui seul. Le riche étranger boira nos vins sans droits, les boira malgré les droits : il les lui faut; les vignes du Nord sont chez nous.

C'est une grande erreur, trop répandue, de trouver la France petite. Ouvrez des chemins, assainissez, distribuez l'eau qui fertilise au lieu de la rêver portant le vaisseau des mers à Paris, diminuez l'impôt que l'on évalue pour le blé de 2 fr. 50 à 3 fr. par hectolitre, et bientôt nous aurons conquis, sans traverser le Rhin, d'immenses pays où règne la désolation, la pire des étrangères. Sur ces victoires pacifiques, nous fonderons désormais notre gloire.

Les 36 millions de Français produisent environ 70 millions d'hectolitres de vin par an, 194 litres par habitant, 0 litre 532 ou un peu plus de la moitié d'un litre par habitant et par jour. Nous n'avons guère besoin de l'étranger pour vider nos caves.

Nous ne sortons de France, je ne dis pas pour nos colonies qui nous en prennent plus de 500,000 hectolitres et qui après tout sont françaises, mais pour l'étranger, deux millions d'hectolitres de vin, un peu moins que 3 p. 100 de notre production, mettons 3 p. 100 : j'exporte par jour 1 centième et demi de litre.

Le bon roi Henri IV souhaitait la poule au pot à tout Français : aujourd'hui, pour me priver d'un dé de vin par jour, on ruine l'industrie française.

En 1868, l'exportation des soies atteignait 458 millions, 12 fr. 72 par Français, moins de 3 centimes et demi par tête et par jour.

        Vin, 0 litre 015 à 1 fr.....   0 fr. 015
        Soie   0   035
                                        ____
                        Total.....   0 fr. 05 cent.

Vins et soies, pour épargner un sou par jour à chaque citoyen, on sape l'industrie française quand notre budget monte à 2 milliards 300 millions, 63 fr. 88 par tête, 17 centimes et demi par tête et par jour, plus qu'en nul pays. D'où le capital incroyable de 46 milliards : 1,277 fr. par tête, 3 fr. 50 par tête et par jour, que nous réservons comme un dépôt sacré, où nous n'osons porter la main, même sous le coup de la faim ou d'une dette, pour obtenir du gouvernement un peu de protection qu'il nous refuse.

En ajoutant les impôts spéciaux et les octrois, nous jetons à l'État et aux villes 3 milliards, 83 fr. par tête, 22 centimes par tête et par jour, soit, par famille de cinq personnes, 415 fr. par an, 1 fr. 10 cent. par jour, ou 2,766 livres de pain par an, 7 livres 33 par jour.

— Vous vous plaignez ! — Oui, je me plains,

parce que j'assure le plaisir de ceux qui n'auront pas une minute de repos que le glas n'ait sonné pour la dernière industrie française.

Écoutez, on sonne à mort, et c'est l'industrie française qui agonise.

Pour l'emporter quand même, ils disent que l'exportation des vins de Bordeaux s'est accrue de 217,304 hectolitres. Bordeaux n'est pas la France ! Et les *145,000* hectolitres de vins importés réduisent le célèbre chiffre bordelais à 72,304 hectolitres, 2 décilitres par tête, 547 millionièmes de litre par tête et par jour. Quel dé ! à 1 fr. le litre, nous en aurions 20 pour 1 centime.

Nous ne valons pas cher pour messieurs de Bordeaux et de Lyon.

Je n'ai pas dit la vérité. Leurs chiffres, cités par M. Pouyer-Quertier au congrès des maîtres de forges à Saint-Dizier, établissent que nous exportions de plus annuellement, sous le régime protecteur, 220,642 hectolitres de vin, avant l'oïdium, et 42 millions de soie (j'omets loyalement les chiffres sous la maladie des vers à soie et prends la différence de 458 millions de 1868 avec la moyenne de 500 millions d'avant les traités). Vous exportez 220,642 hectolitres de vins et 42 millions de soie, en moins, et vous mettez notre tête à prix, voilà la vérité.

Il y a en France 36 millions d'hommes qui demandent l'argent du travail, de la soie, du vin ; la France est le seul marché qu'on ne nous enlèvera pas !

Je pousse nos rêveurs, je ne leur laisse pas une place au soleil. Aux. . . . .   220.642 hectolitres de vins dont notre exportation s'est amoindrie, ajoutez les. 145.000

que nous en importons, en tout. . .   365.642
mettez-les à 1 fr. le litre, soit. 36.564.200
rappelez les. 42.000.000
de soie que nous ne sortons plus : le thermomètre français a baissé :

pour les vins, de. . . . .   36.564.200 degrés.
pour les soies, de. . . . .   42.000.000 degrés.

Total, de. . . . .   78.564.200 degrés.

Voilà la vérité ! Estimez 1 fr. l'hectolitre si c'est votre bon plaisir.

Outre les navires sombrés au détriment de nos sociétés d'assurances françaises, plus d'une exportation, tous comptes faits, ces comptes lointains à grands frais et périls, est un désastre. Pareille au voyageur que le vertige précipite des tours élevées, une société chancelante vend, trébuche, *exporte* avec désespoir. Pourquoi n'avoir d'œil que pour les exportations? L'importation annuelle des vins de 3,500 hectolitres de 1847 à 1853, sautant de 1861 à 1868, à 145,000 hectolitres, ne vous présage-t-elle aucun danger?

Discutez le choix que nous faisons de vos chiffres, triomphez avec nos malheurs, avec l'oïdium, la maladie des vers à soie, des houblons et des bêtes à cornes, et cet insaisissable fléau qui depuis hier apparaît en desséchant de nos vignobles entiers; imitez ceux qui accusaient les locomotives de la maladie des pommes de terre, chargez un régime des désastres que la nature a causés sous ce régime. Nous ne vous suivrons pas sûr ce terrain. S'il est une autre industrie qui veuille risquer l'industrie française et vivre de notre mort, qu'elle se montre! Ces hommes vaillants de la vigne et des vers à soie, des laines et des houblons, maints autres auront besoin d'une aide paternelle à la frontière, ils ne l'auront pas. Nos vignes et nos vers, nos moutons, nos houblons feront comme nos forges au bois, ils passeront à l'étranger, et nos vainqueurs des maux de la nature succomberont sous cet autre qui ne connaît pas de merci, la peste des rêveurs.

J'ai basé mes calculs sur une population de

36 millions d'habitants. Le dernier recensement, de 1866, me tombe sous les yeux : il la porte à 38.067.064. Dans la mesure où elle croît à chaque dénombrement, elle approche sans doute de 40 millions. Il serait légitime d'y joindre les colonies, qui forment un empire avec la métropole. Ces nombres me seraient favorables ; mais le temps presse et, je le répète, j'aime les vérités qui bravent les millions.

V

Les fainéants et les travailleurs

Longtemps nous nous sommes demandé : « Où est l'ennemi ? — La Prusse ? Ah ! plût à Dieu que ce fût la Prusse. Hélas ! c'était notre propre pays.

Je cours défendre mes enfants, dirai-je à mon pays en les lui montrant : « Prenez vos victimes ? »

Je crie aux rêveurs comme on crie au feu, comme on crie à l'ennemi ; ils sont nos ennemis !

Avant ces traités funestes, qui songeait que la France indigente ne pût se suffire ? Qui a

gagné ces milliards jetés sur les mers, si ce
n'est cette vieille France que calomnient ceux
qui l'ont dépouillée ? Mille usines où l'on entend
le bruit monotone de l'eau qui tombe témoignent
qui fournissait ce que l'étranger fournit aujour-
d'hui.

Ah ! quelles petites choses décident souvent
des grands intérêts d'un pays. Les fonctionnaires se partagent le budget ; mais la vie est
chère et ils se sont dit : « Ces marchands qui nous
écrasent, écrasons-les sous la concurrence de
l'univers ! » Ils ne se l'avouent peut-être pas,
car beaucoup sont honnêtes ; mais j'en ai rencontrés qui le déclaraient sans détour.

La France est vendue par ceux qu'elle
paie pour la servir, et il ne leur vient pas
même cette simple réflexion du bon sens, qui fait
crouler l'échafaudage de leur économie politique,
qu'il faut d'abord de l'argent pour acheter. Que
m'importe que le pain soit à un centime la livre, si je suis obligé d'aller le mendier de maison
en maison ! Nous attendons depuis un demi-siè-
cle passé leur vie à bon marché. Ils s'apitoient
sur le pauvre au lieu de chercher à l'enrichir ;
on s'apitoie sur le pauvre, et on l'appauvrit.

Si la France ne se suffit pas, elle se suffira.
Napoléon Iᵉʳ la privait de sucre, elle inventa le

sucre de betterave, et voilà comme on fait les grandes nations.

Un cultivateur de la Champagne me confiait son désespoir de ne pouvoir plus élever de moutons, sa seule ressource. Je lui dis : « Vous avez ce que vous méritez. La plupart de nos députés, propriétaires, nous ont abandonnés aux essais économiques de ceux qui nous gouvernaient : les laines d'Australie ont traversé les mers pour vous porter le coup de mort. »

La parole était dure, mais méritée.

Cette fertile France dont les poètes chantaient les nombreux troupeaux, ils l'ont jugée incapable de nourrir plus d'un mouton sur deux hectares. Elle contient 54,465,116 hectares. D'après M. Thiers, presque les quatre cinquièmes ou 43,572,093 hectares, terre sèche aux herbes fines, ne conviennent qu'au vieux mouton français dont la laine soyeuse et forte est la première du monde ; le mouton anglais, de viande plutôt que de toison, y dépérit ; le nombre de nos moutons est descendu, depuis les traités, de 40 à 30 millions, la livre de laine, de 30 à 14 ou 15 sous ; et notre production de 65,000 tonnes de laines se trouve en face d'une importation de 120,000 tonnes et d'une production possible de l'Australie et de la Plata de 600,000 tonnes.

Ah ! restons unis, ne sacrifions personne, et nous achèverons les grandes choses que nous avons commencées.

Ils justifient le calcul du fonctionnaire sur ce que les industriels composant la moindre partie de la population, il est injuste de leur sacrifier le grand nombre.

Pour appeler les choses par leur nom, ceci est un vol en masse ; et, quand je vois indemniser largement un simple particulier à qui l'on prend sa terre pour cause d'utilité publique, je ne puis comprendre qu'on ose tramer le crime de ruiner sans les indemniser les millions d'hommes que représente l'industrie, qui s'étaient établis sous la protection des lois et que le temps seul, une invention ou la mode avait le droit de détruire. Et certes, si l'on suppute quel argent il faudrait, depuis le fond des houillères et des forêts jusque sur toutes les routes et aux ateliers, pour assurer à tous le revenu qu'ils avaient à l'ombre des lois, on arriverait vite à des milliards.

Je m'imagine voir le grand Michel et l'illustre chevalier de l'industrie dans une gondole dorée sur une lagune enchantée de Venise. A travers les humides vapeurs, de moelleuses symphonies arrivent jusqu'à eux. Echappés de leurs jeunes extravagances tous les vents de la faveur enflent leurs voiles, ils sont heureux et s'abandonnent au cours des eaux qui reflètent l'illumination des palais. Tout à coup, sortant de leur rêverie profonde, tandis que Michel caresse sur la gondole un malheureux qui représente le peuple, l'illustre chevalier plonge dans le cœur du pauvre l'acier fin qu'il ceignait aux jours de fêtes.

Laissons-le disparaître dans l'esclavage du palais des doges.

Le grand nombre, le peuple où vous vous retranchez comme sur une roche inexpugnable, mais le peuple ce n'est pas le grand nombre, c'est le grand nombre et nous, et quand vous me blessez, moi le peuple, je crie : « Vous frappez le peuple ! »

Partout où une usine fume dans un pays de culture, le laboureur bénit le ciel, car il rompt à ses enfants un pain moins amer ; les charrois, la nourriture, le logement, l'entretien de tant d'ouvriers amènent l'aisance comme un air de printemps ; chacun est ravi de travailler parce que les salaires augmentent ; quand l'agriculture dort l'hiver, l'usine donne encore l'ouvrage ; l'ouvrier du dehors veut rester dans ce coin charmant et, lorsqu'il baisse vers le terme de sa vie, il instruit son fils dans son métier et s'arrondit une terre pour ses vieux jours; les bras ne suffisent plus et l'on est obligé de demander le secours des machines agricoles et des populations voisines que ce bienfait n'est pas venu visiter (c'est ainsi que dans nos riches plaines des Ardennes, que la Chiers arrose, nous ne pourrions finir nos moissons si des légions de Belges ne s'y abattaient à point nommé comme les hirondelles au retour des fleurs); l'homme plus riche cultive mieux, témoin nos Flandres et l'Alsace; bientôt l'on voit cette dernière marque de la prospérité des campagnes que la terre a crû de valeur, les champs à mine en ont trouvé une inespérée; les fêtes sont plus belles, on y accourt des villes, tout sourit. De ce grand nombre tant sacrifié je ne vois que quelque baron solitaire dont le bœuf rumine au pied de sa crèche de marbre, et, si le caprice ou la nécessité l'entraîne sous d'autres climats, nos paysans achètent, argent sur table, le domaine du noble seigneur.

Éteignez Hayange et le Creuzot, et voyez. Le laboureur produit du blé, je produis du fer, nous sommes tous producteurs. O laboureur, mon frère, tu te plains comme moi, et comme à moi on veut te persuader que tu es heureux! Car c'est ce qu'ils disent à ton frère l'industriel, ils lui disent : « Pauvre fou, jamais tu ne fus plus riche. »

Laboureurs, nos frères, industriels, quand laissera-t-on ces noms par lesquels on nous divise pour le triomphe d'un rêve, quand partagera-t-on le peuple en ses deux classes : les travailleurs, qu'on protégera tous, les fainéants, qui cesseront de nous mettre le pied sur la tête? Sommes-nous des rentiers qui n'ont qu'à *consommer*?

VI

Les gros mangent les petits

Je tais ceux qui supposent le rêve avantageux et font l'expérience brutalement, et j'aborde un point délicat.

La forgerie au bois avait l'avantage d'être disséminée avec le charbon et la mine choisie qui lui étaient indispensables. Son fer s'emploie pour la quincaillerie, la carrosserie, les couteaux, les outils, les armes, l'agriculture, la marine, l'artillerie : c'est le fer d'élite, et seul il a l'honneur, par un réseau de fils, d'entourer le monde avec la pensée de l'homme. Le supprimer serait supprimer beaucoup de travail sur les chemins et dans les usines, les forêts et les minières, abaisser ou anéantir la valeur de ces usines, forêts et minières, et ôter leur principal revenu aux contrées pauvres où il se plait à naître comme une ressource que la providence leur a réservée. Nos rêveurs ne se heurtent pas à si peu : leur but est de favoriser les plus favorisés, d'enrichir les plus riches, d'appauvrir les autres. Voici des pauvres ou petits riches, il faut leur marcher sur le corps. Admirez comme ils s'y prirent et dites-moi si on le pouvait plus adroitement à la fois et plus sûrement : ils n'échapperaient pas.

D'abord on les persuada qu'on allait les préparer, par des chemins de fer, canaux et mille autres choses, à un abaissement des droits de douane.

Ensuite on leur fit acheter des bois à l'Etat.

Puis on se cacha dans l'ombre, comme un faux-monnayeur, on calcula un même droit pour tous les fers, et tel que les fers au coke, dont on exporterait des quantités et dont les actions de leurs sociétés puissantes vont aux fils de famille, seraient prospères, tandis que les fers au bois, d'une valeur double et partant protégés de moitié, feraient doucement leur fin.

Puis, nul canal touché, tous bois vendus, on lança la fusée incendiaire si bien ajustée du traité de commerce.

On se moqua des petits riches, on leur conseilla de renouveler leur matériel et leur travail, et qu'ils résisteraient : les innocents le firent, ils y usèrent leur épargne, leur revenu, leur capital. On leur avait assuré que les transports améliorés les égaleraient à l'étranger : les simples le crurent. Naïfs, aucun ne soupçonna qu'on ne le menait pas à la victoire, pas même au combat, mais à Waterloo.

Eut-on peur de l'agonie, aida-t-on le moribond ?

Oh ! j'ai eu la patience d'être joué à ce jeu, vous aurez la patience de m'écouter jusqu'au bout.

Le 5 juillet 1836, une loi autorisait les constructeurs à recevoir des produits étrangers sans payer les droits d'entrée en France, à la condition de travailler et de sortir de France ces mêmes produits.

On entend ici par *constructeur* celui qui reçoit sa matière première d'un autre qu'on appelle *producteur :* la plupart du temps c'est un maître de forges fabricant de fers au coke et qui fait des rails ou autres fers plus ou moins finis, et sa lutte implacable que nous allons voir contre le producteur est une lutte fratricide. Cette distinction est nécessaire à la clarté de ce qui suit.

Si l'on examine ces *admissions temporaires*, sans parti pris, ainsi qu'elles auraient dû se présenter à la prévoyance de nos législateurs d'alors, on découvre qu'elles furent une idée malheureuse à plusieurs points de vue.

Le développement de notre construction n'avait pas besoin de ce privilége : la vapeur, les chemins de fer à créer, les bienfaits d'une longe paix et, ce que l'on comprit et fit trop tard, les chemins de fer ou canaux seuls capables de remuer les masses de coke et de mine dévorés par les hauts fourneaux, suffisaient largement à donner le coup de fouet à la construction et à la production : disons en passant que ceci condamne les traités de commerce eux-mêmes, et que nos usines à la houille, nées par enchantement de ces voies puissantes et non des traités, fournissent des rails à l'étranger dont nous étions tributaires.

J'obtiens une admission temporaire en justifiant que j'ai un marché avec l'étranger : je produirai un marché fictif avec un étranger fictif qui ne sera autre que moi-même.

Le moyen, même à force de frais et de vexations, de suivre des matières qui doivent parvenir à tel atelier, souvent à plusieurs à la fois, s'y transformer et diviser à l'infini, et repasser la frontière? de peser aux douanes des locomo-

livres ou autres pièces énormes (je déclare un
poids double qu'elles reconnaissent, n'ayant rien
à prélever)? d'y vérifier au centre d'une machine
si j'ai aminci le fer reçu? d'y faire distinguer,
par des employés ignorants de ces choses, le fer,
la fonte, la fonte d'affinage, la fonte à moulage,
l'acier, le fer à la houille, le fer au bois, même
en les cassant? et on ne casse pas une machine
(encore une impossibilité pour les traités de commerce). Cette loi était impossible, et c'est ce qui
sauva le producteur français.

Cette loi était inutile, elle était impossible et
dès lors prêtait et invitait à la fraude. Elle était
encore un privilége dans le pays qui eut la gloire
de supprimer les priviléges par l'égalité de tous
devant la loi : un privilége d'une industrie contre
une industrie ; de la construction contre la
production ; un privilége de l'étranger contre
la France, de la production étrangère contre la
production française ; l'impôt de douane payé à
la construction française et à la production étrangère, au lieu d'être payé au trésor ; que dis-je !
cette loi était un impôt doublé : l'ancien, payé
à la construction française et à la production
étrangère, le nouveau, payé par le pays au trésor
qui tire à droite ce qu'il ne tire plus à gauche ;
la France paierait deux fois l'impôt que l'étran-

ger ne paierait plus. En vérité, plus d'un Français dut se demander, dans l'amertume de son cœur, si nous retournions vers les temps féodaux.

L'idée, une fois échappée chez nous, suit une pente fatale. Cette loi était inutile; cette loi était impossible; cette loi était un privilége d'une industrie; cette loi était un privilége de l'étranger; cette loi était la France payant deux fois, à une industrie contre une industrie, à l'étranger et au trésor, l'impôt que l'étranger ne paierait plus: le 15 février 1862, cette loi devint possible par un décret, et l'on put entrer des fers de Suède à 400 francs pour sortir des rails à 170 francs, entrer des fontes à moulages à 120 francs pour sortir des rails fabriqués avec des fontes d'affinage à 60. L'État, grand calculateur, trouva que c'étaient des *équivalents:* $400 = 170$, $120 = 60$. Qu'est-ce lorsque ces fers et fontes nous arrivent comme lest, sans payer aucun transport?

Les constructeurs livraient à l'étranger le marché français de nos producteurs de fers au bois et de fontes à moulages, lesquelles nous produisions, quoi qu'on en dise, dans nos fourneaux éteints des Ardennes, de la Nièvre et autres.

Cette loi était inutile; cette loi était impossible; cette loi était un privilége d'une indus-

trie ; cette loi était un privilége de l'étranger ;
cette loi était la France payant deux fois, à une
industrie contre une industrie, à l'étranger et au
Trésor, l'impôt que l'étranger ne paierait plus ;
cette loi est devenue possible ; cette loi est la production des fers au bois et des fontes à moulages
immolée à la construction et à l'étranger. Mais
ces énergiques hommes des fers au bois peut-être
ne voudraient pas mourir et il ne serait pas ré-
créant de les entendre râler : il faut les dépê-
cher... D'ailleurs on a son dessein, on prétend
privilégier contre leurs propres confrères quelques hommes puissants et très riches qui, au
Centre et au Midi, sont trop loin du Nord et de
l'Ouest, portes de ces fins fers de Suède, de ces
fontes à moulages : on dispensera ces fers et ces
fontes de se rendre aux usines qui les feront
entrer ; elles céderont, en gardant presque tout
le profit, leurs permis d'introduction aux hommes
mieux placés du Nord et de l'Ouest : c'est ce
qu'on flétrit du nom de trafic ou *tripotage* des
acquits-à-caution.

Nos charbons, nos houilles, nos minerais, nos
fontes, nos fers bruts et ouvrés, nos machines,
tous nos produits sont chargés de ces transports
qui « représentent trois à quatre fois le bénéfice
du fabricant de fer » (M. Simon, au congrès des

maîtres de forges à Saint-Dizier), et dont sont déchargés les fers étrangers.

Ce fut une vraie avalanche de fontes à moulages et de fers de Suède, et l'enterrement de la forgerie au bois et de la production de ces fontes, aux chants de triomphe de l'étranger et de quelques *constructeurs* du Centre et du Midi protégés contre... *les constructeurs* du Nord et de l'Ouest, et désormais les seigneurs *de leur propre marché*.

Cette loi est la France entière payant deux fois, à une industrie contre une industrie, à l'étranger et au Trésor, un impôt que l'étranger ne paie plus; les forêts, nos bonnes minières, un peuple de voituriers et de travailleurs, la forgerie au bois, la production des fontes à moulages, la *construction*, sacrifiés à l'étranger et à un très petit nombre de nos constructeurs du Centre et du Midi, surtout; M. Dupuy de Lôme a eu l'impudeur de l'avouer, de les nommer, le 31 janvier, dans les Chambres françaises, à trois chantiers de constructions navales; il a eu l'impudeur de calculer froidement que ces petits devaient être sacrifiés à ces grands!

Courage, sacrifiez ces trois chantiers à une industrie plus puissante, celle-ci à une plus puissante, et ainsi de suite, les petits dévorés par les gros, il ne restera plus que l'industrie où les chefs de la France auront mis leur fortune. — Oh ! vous récrierez-vous. — Soit, non ; mais m'en répondez-vous ? Pourquoi tenir sur la France cette épée de Damoclès ?

Où courons-nous avec de tels principes, si la France chevaleresque et généreuse foule aux pieds la justice et l'honneur, si elle sert ses enfants à ses enfants et à l'étranger, si notre avenir dépend d'un calcul de... gouvernants aujourd'hui, intéressés demain ?

Faisons parler les chiffres de M. Dupuy de Lôme.

En dehors de ce qu'elle a construit pour la France, l'Italie, la Prusse, l'Égypte, l'isthme de Suez et la Russie, parce que ces pays étaient nôtres ou se hâtaient de se constituer et de remplacer sur tous les rivages les navires que nous leur avions coulés à fond, la Compagnie des forges et chantiers de la Méditerranée, à laquelle M. Dupuy de Lôme semble porter un intérêt particulier, n'a construit que pour 21,698,000 francs, au lieu du chiffre ambitieux dont le député fait honneur aux acquits-à-caution. Hélas ! nous faisons peu de navires pour notre pays, et nos armateurs et nos marins croiseront sur toutes les mers ceux que nous nous faisons contre nous.

L'étranger bâtit un navire en bois ou en fer, il

paie 2 francs par tonne de jauge, au .ieu de 20 francs pour un navire en bois et de 60 francs pour un navire en fer qu'il payait autrefois, et voilà un navire naturalisé français; la loi de la marine marchande permet d'introduire en franchise des machines marines à vapeur, et vous soutenez nos constructions navales, notre industrie!

Avant les traités, 32 hauts fourneaux, dans les Ardennes seules, avec un unique chemin de fer, deux mauvaises voies navigables, sans routes souvent ou avec des chemins affreux, produisaient 47,000 tonnes de fonte et le moulage en *première* fusion. Tous coulèrent des boulets pendant la guerre de Crimée, soldats à leur manière, et l'on se rappelle quel bien-être ils répandaient. Ces moulages et les fers provenant de ces fontes étaient recherchés et deux fois plus résistants que ceux que l'on obtiendrait des fontes d'Ecosse. Le croirait-on ? Nos Ardennes, en dépit de ces méchants chemins, les fabriquait *au bois*, au même prix, que l'Ecosse nous vend avec la houille et tout un ensemble de chemins de fer et de canaux.

Que ferions-nous avec leurs avantages, les inévitables progrès de la science et des années et un regard paternel d'en haut ? Nous en produirions de 60 à 100,000 tonnes.

La mort est entrée dans ces usines, elle y est assise comme sur un mausolée de l'industrie, et qu'il est triste d'entendre le vent siffler, de voir l'herbe grandir dans ces ruines de la vie! C'est à ce coup que les pierres ont la voix terrible des morts. De tant de fourneaux, il ne marche plus que celui de M. Guillet, à Haraucourt, éloquent témoin d'une prospérité passée qui peut revenir. Il y a encore ceux de Messieurs Mineur, à Vireux, qui vont au coke, à cause de la France? non; à cause de la Belgique, un jeune et intelligent pays qui sait ce que c'est que les transports, et qui a tout près de là sa Meuse améliorée et les tarifs bas de ses chemins de fer.

Que dirais-je si je passais aux départements voisins qui connaissaient les fers fins de l'armée et les fontes choisies, à la Champagne qui produisait une fonte de moulage identique à celle d'Angleterre et d'Ecosse, à plusieurs groupes métallurgiques français qui ne demandent pour la fonte à moulage qu'un peu plus de combustible, parfois certains minerais, de simple matières, et des canaux qui les apportent? En vérité, que la France soit incapable de fontes à moulage, c'est un de ces impudents mensonges dont l'audace fait la fortune.

Ces fontes à moulage qu'on nous force à men

dier aux Anglais, en ce moment que le besoin ranime un peu les affaires, nous ne pouvons en avoir. Les nobles lords les vendent à de meilleurs clients. Elles débarqueront quand le baromètre baissera ou si nous faisons mine de les tirer du sol français.

O traités favorables, et divins acquits-à-caution! *A caution*, que vous êtes bien nommé !

Que Messieurs du *Comité des constructeurs et maîtres de forges réunis pour le maintien des admissions temporaires* (1) veulent absolument exporter; que, de leur aveu, ils ne peuvent, même en employant sans droits d'entrée la matière première anglaise ou belge, aborder les prix de leurs concurrents étrangers ; qu'ils ne réclament pas du trésor au moins cette différence, *ce droit des pauvres*, c'est assez trahir que, malgré (?) leurs déclarations *ad valorem* dont une facture innocente et l'ignorance des douanes font le passe-port, ils flairent leurs prétendus équivalents. Ne soyons pas injustes ; rendons grâce à ces Messieurs : on ne prouve pas mieux que l'on tend à enrichir quelques-uns sans souci des autres, qu'il est impossible de distinguer les matières aux

(1) Secrétaire. M. Combe, rue Laffitte, 17, à Paris.

domaines, que, nous pourrions (pages 27, 31, 32)
produire nos fontes de moulage, et que les admissions temporaires sont une confusion (1).

Lorsque c'en fut fait de tant de maîtres, de
charbonniers, de mineurs, de forgerons, de voituriers, lorsque les minières profondes, les vieilles forges, les forêts gémirent comme des veuves,
on ajouta l'ironie à la brutalité, on dit que c'était
une petite industrie qui avait dû périr. Dans le
Poitou, la Bretagne, la Normandie, le Nivernais,
la Bourgogne, la Champagne, la Franche-Comté
(1), le Berry (2), la Gironde (3), la Charente (4), la
Haute-Vienne (5), la Corrèze (6), le Lot-et-Ga-
ronne (7), le Lot (8), la Dordogne (9), les Ardennes (10), il n'y avait que 172 établissements au bois
d'arrêtés. On en compterait peut-être un millier

*

(1) Voir leur mémoire d'avril 1870, Paris, impri-
merie centrale des chemins de fer, A. Chaix et Cᵉ.

(1) 250 dans ces 7 provinces (Thiers).

(2) 24 hauts fourneaux sur 30, sans compter les autres usines (M. Porcheron, au congrès des maîtres
de forges, à Saint-Dizier).

(3) 7, (4) 5, (5) 8, (6) 6, (7) 3, (8) 5, (9) 30 usines
(M. Prévost au même congrès).

(10) 32 hauts fourneaux, sans compter les autres
usines ; total, 172.

pour toute la France. Ce n'était que cela. Si l'on considère les prix, le travail et la main d'œuvre, « l'industrie du fer à la houille, dit M. Thiers, ne représente pas le cinquième de l'industrie du fer au bois. » Ce n'était que cela. Il n'y avait que 22 départements sur 89 qui n'exploitaient pas de mines de fer. Ce n'était que cela. Il valait bien la peine de faire du bruit pour des morts.

On ne parla pas des faiseurs de fontes à moulages : on dit qu'il n'y en avait jamais eu en France.

Et je ne sais quel charme on a jeté sur les yeux des constructeurs : ils ne se doutent pas le moins du monde que si peu d'entre eux sont à la veille, si les traités et trafics continuent à privilégier ceux-ci, d'être les barons du domaine.

Je connais une usine qui a vécu de 12 usines du voisinage dont elle consomma le matériel : affamée par les traités de commerce et la loi néfaste, elle mangea 12 cadavres et, le repas funèbre terminé, la table vide, elle mourut. C'était une grande usine en son temps. Si quelque *rêveur* veut savoir quels sont le mangeur et les 12 cadavres, je les lui nommerai.

Les faux monnayeurs protesteront qu'ils n'ont jamais voulu la mort de ces industries. « Si, vous l'avez voulue ; si vous ne l'avez pas voulue, rele-

vez-les ! Déchirez vos papiers qui nous déshéri-
tent ! »

Mais non. L'économie des procédés Bessemer et
Martin, qui ne peuvent s'en passer, et d'autres
que l'on pressent, rend les fontes au bois plus
nécessaires que jamais. Nous les prendrons à l'é-
tranger : c'est un avare qui aime l'argent.

Nous possédons des mines admirables en Algé-
rie : des Bédouins, fi ! Le Périgord, la Franche-
Comté, le Berry, ces provinces dont les fers, au
rapport des historiens, faisaient notre orgueil, la
Corse (je suis bien bon de m'occuper d'un Corse)
ont démoli leurs usines en pleurant ; leurs gen-
tilshommes ne tiennent pas à l'or, ce vil métal
que chassaient leurs pères au lieu de courir le
cerf et le Mexicain.

Nous trébuchons dans les précipices. En train
de sacrifier une industrie à une industrie, on
ira jusqu'au bout. On distinguera les degrés de
fini de chaque chose : 1er degré, laine brute ;
2e degré, laine filée ; 3e degré, laine tissée ;
4e degré, lainage teint ; 1er degré, mine ; 2e degré, fonte ; 3e degré, fer brut ; 4e degré, fer
soudé ; 5e degré, fers carrés, plats, ronds, demi-
ronds, tôles, etc.; 6e degré, les mêmes, décapés,
les tréfilés, etc.; 7e degré, les mêmes, galvanisés
ou fers blancs ; les objets finis seraient du degré

qui suit le degré de leur matière première, ainsi les objets de ferblanc seraient du 8e degré; pareillement pour toutes les marchandises; en vertu de la loi du 5 juillet 1836, interprétée par les faux-monnayeurs, j'importerai un degré, j'exporterai un degré plus avancé, j'entrerai une tonne de laine, soie, vin, tabac ou or, je sortirai une tonne de planches; la loi du 5 juillet 1836 sera la guerre civile, la guerre à outrance, la guerre aux mille surprises, de l'industrie et des usuriers, les plus forts, quelques-uns, restant nos suzerains, et l'étranger à nos portes et chez nous. — Que voulez-vous donc? — Ce que je veux? Loi et décrets de mort, nés gangrénés incurables qui ne peuvent engendrer que la gangrène et la mort, le décret du 15 février 1862, le règlement de douane du 19 mars 1868, le décret du 9 janvier 1870 n'ont pu, toutes les dispositions ne pourront rendre bonne la loi vicieuse à cœur du 5 juillet 1836. C'est l'histoire d'un habit manqué qu'on a beau essayer, retoucher, retailler, et qui ne va pas. Il n'y a qu'une chose à faire : la mettre aux défroques; une autre encore : déchirer les traités de commerce; une autre encore : protéger les petits.

La loi de 1836, les traités de commerce, arches saintes qu'on n'ose toucher, sont un temple d'i-

doles ; je les dénonce à mon pays. Moloch l'ha-
bite, la divinité cruelle sur les bras de qui la
France brûle ses enfants ; et Moloch c'est l'étranger! Il est temps d'en finir avec Caïphe qui don-
nait le conseil aux Juifs qu'il était bon qu'un
homme mourût pour le peuple.

VII

La tradition du travail

Protéger les petits!

On prétend créer une industrie comme on fait
une œuvre vulgaire, alors qu'il faut des années
à un ouvrier pour faire de simples clous à cheval
avec profit, et qu'il est déjà difficile d'accroître
un établissement fondé. On ignore qu'il est une
tradition, et quelle est cette tradition. Oui, une
industrie séculaire, comme une antique dynastie
traîne sa tradition avec elle, et c'est sa tradition,
quand le gouvernement ne la trahit pas, qui fait
sa fortune. L'Angleterre a sa tradition des mers
et celle deux fois séculaire de ses Parlements, la
Russie, celle de Pierre le Grand, et notre malheur veut que les révolutions et des hommes

toujours nouveaux, que la foudre frappe la nôtre et toutes nos constitutions. Ayons le courage de ne pas l'oublier : nos rois, en affranchissant les communes, furent les vrais pères du peuple. Lorsqu'ils s'abaissèrent vers leur enfant, par les principes de 89, un moment fut leur triomphe et leur chute. La tradition voulut une victime pure, et l'oligarchie qui les remplaça leur refusa l'appel au peuple qu'ils avaient sacré. Deux républiques, un empire, deux royautés échouèrent en soixante ans au grand courant de tradition du peuple, pour avoir méconnu qu'un navire se sauve en se fiant à la haute mer et n'est roi qu'au milieu des flots.

La tradition brise qui n'y cède ; elle brise qui la commence. La tradition, ah ! c'est bien des pleurs et du travail, bien de la misère mêlée de retours heureux, bien du sang ; c'est l'héritage sacré de l'ouvrier à son fils, et tout un ensemble puissant dont on sent le prix en portant une industrie dans un pays vierge. Vous partez avec une bande d'ouvriers, rien ne vous manque, vous le croyez, les jours se lèvent sereins ; mais attendez : un ouvrier s'en va, puis un autre, bientôt vos hommes sont partis avec tous les vents, vous faites des frais énormes pour en avoir d'autres qui fuient de même ; vos machines chôment parce qu'un rien vous fait défaut, et, réparées, un accident imprévu les surprend où vous êtes sans recours; vous n'aviez pas réfléchi qu'une industrie ne va pas seule, que votre industrie ne peut se passer d'autres industries, il les faut, et vous ne les avez pas, il les faut et vous n'avez presque pas d'ouvrage à leur procurer; les gens du pays vous vendent un mauvais travail au prix de l'or, s'ils ne vous le refusent avec le cruel plaisir du peuple qui triomphe de votre embarras; l'illusion s'efface devant la réalité terrible, et, si vous n'avez beaucoup d'argent, beaucoup d'esprit et un héroïque courage, votre corps même s'abat et vous descendez en courant les degrés de la ruine et de la mort. Interrogez ceux qui ont passé par là. Combien ont lutté avec une énergie sauvage et une fortune qui paraissait inépuisable, et ont succombé! Ce n'est souvent que le second ou troisième successeur qui réussit et « recueille dans la joie les fruits que d'autres ont semés dans les larmes. » Je dis, moi, que la tradition est une force dont on ne peut mesurer la puissance, et malheur à qui la méconnaît et la brave, honte à qui la détruit ou lui ôte son but! Ferez-vous un laboureur de l'homme qui file? Il y a plusieurs années que des tisserands sans ouvrage s'offraient à nous pour travailler le fer. Ils avaient faim, ils se mettaient à l'œuvre pour ne pas mourir : eh bien, après quelques jours, ils couraient mendier. J'ai vu de vieux ouvriers quitter le métier qui leur avait valu une honnête aisance, dépérir d'ennui, supplier qu'on daignât les reprendre ne fût-ce qu'à la dernière place, revivre, mourir heureux et fiers au champ du travail avec le marteau qu'ils avaient toujours tenu : la retraite eût été la mort soudaine. Ah ! la tradition n'est rien ! Je ne pardonnerai jamais à un souverain qui lui enlève sa chose.

Nous avons mis à la voile avec la première armée de la terre pour fonder une tradition au Mexique, et le Mexique se débat dans ses vieilles convulsions.

Autant il est difficile d'implanter une tradition même dans les sphères politiques, autant il est difficile de la déplanter. Je cite un fait vivant. Il y a une quarantaine d'années, la forgerie était prospère dans le Luxembourg belge. Depuis, le dernier marteau qui égayait de sa voix retentissante les vallons boisés, s'est tu. Croyez-vous que la tradition y est morte ? Non. Elle est là, et c'est un malheur. La tradition, vie de ces gens, a passé aux enfants, aux petits-enfants, aux arrière-petits enfants. La mère pense enfanter un laboureur, elle enfante un forgeron. Le pauvre enfant grandit, il poursuit le travail exilé, il le poursuit à l'étranger, heureux s'il le ramenait au foyer que sa femme et ses enfants, que les générations gardent comme si la forge devait se rallumer ! Je ne blâme pas le gouvernement belge : la force des choses a voulu cela, non lui ; je le jugerais bien coupable s'il eut rendu la tradition veuve par un décret.

La tradition est le pain du pauvre, le lui arracherez-vous des mains ?

C'est quelquefois son unique pain, et dans plus d'une contrée une tradition existe, parce que le travail de cette tradition est le seul que la nature offre à cette contrée. Ici c'est l'élevage du mouton comme dans certaines parties de la France, là c'est la production du fer au bois. Priverez-vous ces pauvres du seul pain qu'ils peuvent pétrir ?

Il est aisé aux économistes de répartir le travail à leur fantaisie et de lui fixer des quartiers dans un empire ou dans le monde. Je ne conçois pas qu'on ose jouer l'appauvrissement de plusieurs provinces pour le plaisir d'un chiffre ou de l'étranger. C'est un grand crime ou une grande ignorance : Néron n'égorgeait que des hommes.

Dites à celui que vous frappez de se consoler, que le grand nombre reçoit tout à meilleur marché, que l'étranger à qui est échu son travail est heureux. Il vous demandera où est son empereur ou si l'empereur est devenu l'empereur de la Suède et de l'Australie.

Prendre son pain à un pauvre que l'on rencontre est une chose honteuse; je ne sais pas de nom pour des gouvernants qui passeraient aux étrangers, avec l'emploi de la tradition du pauvre, sa manière de gagner son pain.

Il est beau à un gouvernement de rendre à une tradition son travail. Cette gloire s'offre au nôtre et on lui pardonnerait bien des fautes. L'acceptera-t-il?

VIII

Désespoir

Les pays pauvres, forts de leur pauvreté même et du bon marché de la main-d'œuvre et de la matière première, ruineront-ils la France, pour que la France se relève à son tour par cette triste force de la pauvreté; et la politique désormais se fera-t-elle un amusement barbare de rouler les peuples éternellement de la fortune à la misère et de la misère à la fortune?

Si c'est à la misère qu'ils nous poussent, puisque nous n'avons pas les troupeaux innombrables de l'Australie où un berger cavalier pousse mille moutons dans des pâturages sans fin, l'hectolitre de blé à 12 ou 13 fr. (14 ou 15 fr. rendu chez nous) des vastes plaines de l'Amérique occidentale et de la Russie, la merveilleuse profondeur des mines et des houilles de l'Angleterre, la mer et l'eau à toutes nos portes, la flotte marchande, fille des siècles, l'esprit colonisateur, l'opulence des terres lointaines qu'elle nous a prises et que nous n'avons su garder, des entrailles mercantiles qui ne remuent que pour l'or, un cœur pour abandonner nos colonies à elles-mêmes, pour deshériter nos enfants et passer notre force à un seul, des juges iniques pour condamner l'étranger comme on nous condamne au delà du détroit, des monarques voisins qui nous enrichissent à leurs dépens par des inventions de traités de commerce et d'acquits-à-caution ; puisque nous n'avons pas toutes ces choses, que nous ne pouvons prétendre aux unes, que nous ne voudrions pas les autres, au nom de Dieu ! qu'ils nous donnent tout de suite l'avantage du pays pauvre : la nature stérile de la Suède ; le travail avec l'industrie pour unique refuge ; le salaire chétif ; l'ouvrier esclave ; la privation ; l'impôt léger ; la

révolution, la guerre, les dictatures, convulsions
périodiques que l'on lit dans les annales des peuples sauvages ou livrés, que nous ne serons plus ;
l'armée et les emplois publics nous laissant nos
meilleures forces d'intelligence et de corps ;
l'humble capitale, et les listes civiles à la hauteur
du traitement de nos ministres ; mais qu'ils nous
jettent un bandeau sur les yeux, à nous qui
avons connu des jours meilleurs, pour ne pas
voir crouler l'édifice que nos souverains nous ai-
daient à construire ; un bandeau sur les oreilles
pour ne pas entendre les cris de nos enfants qui
nous demandent du pain. Il est vrai, nous mour-
rons en les maudissant, en les déchirant peut-
être, mais peut-être aussi nos petits-fils leur par-
donneront-ils. On a vite oublié ses parents, on se
fait à la misère : Rome était esclave, elle se disait
libre ; une esclave était la maîtresse du monde.

IX

Hier

Quatre-vingt-neuf maîtres de forges de toute la
France (je n'oublierai jamais le désespoir de plu-

sieurs) signèrent à l'unanimité, séance tenante,
une pétition de détresse à l'Empereur. Nous nous
étions rencontrés inconnus, nous nous séparâmes
amis avec l'enthousiasme et l'espoir. C'est la seule
fois que l'on vit pareil spectacle.

C'était le 14 mai 1868, le 14. Le 20 (on avait
eu le temps d'examiner la pétition) des Excellen-
ces, une Chambre esclave étouffait la voix de
nos défenseurs, et, le lendemain, l'Empereur
nous faisait répondre :

« L'audience que vous avez demandée à l'Empereur, pour lui remettre une pétition signée par
un certain nombre de maîtres de forges et lui
exposer l'état de souffrance dans lequel se trouve
leur industrie, devient inutile *après* les longs et
solennels débats qui ont eu lieu, ces jours derniers, au Corps législatif.

« Sa Majesté apprécie les difficultés contre lesquelles *plusieurs* maîtres de forges luttent en ce
moment, et elle me charge de vous assurer que
tous les efforts de son gouvernement *tendront* à
concilier leurs intérêts avec ceux de la politique
commerciale du pays. »

Politique commerciale! Nous étions livrés à des
Anglais, à des Belges. Naguère un ministre ne
disait-il pas au Sénat que les traités de commerce

ne pouvaient être dénoncés, d'abord pour une raison politique ?

Je copiai cette réponse de l'Empereur et ces dates néfastes, d'une main tremblante de fureur.

Le peuple, courbé sous le joug, n'osait lever la tête.

X

Aujourd'hui

Que vois-je maintenant ?

Sur ce terrain où l'on nous attaquait dans l'ombre, je cherche l'Empereur..., je ne le vois plus ; je cherche son vizir..., je ne le vois plus ; je cherche ce moyen de forcer la main des électeurs et qu'on appelait les candidatures officielles..., je ne le vois plus ; je cherche ce qu'on décorait du nom pompeux d'enquêtes gouvernementales, instruments de violence.... je ne les vois plus.

Le malheur des souverains comme le nôtre, est de monter au trône avec des plans conçus dans l'exil des affaires et du pays. Je me flatte et tout me persuade que l'empereur, éclairé par l'incendie, remplace les fantômes de nos rêveurs par des idées réelles, entre résolûment au cours des gouvernements réguliers qui puisent leur force dans les traditions suivies ou renouées à la vie de leurs peuples, et écoute, non plus seulement le plus riche pour l'enrichir, mais le pauvre pour lui donner le pain du travail.

Ayons un soin jaloux des petits, et que, sur les marches successives d'une hiérarchie industrielle ouverte à tous, ils puissent devenir grands à leur tour. Nous formons l'armée du travail, qu'elle soit une armée démocratique et non pas une armée d'esclaves, chassés par quelques chefs aristocrates. Tendons la main aux petits, et nous serons grands.

Lorsque la Providence, dans ses desseins éternels, voulut faire de la France la tête des peuples, elle la disposa de manière que, pouvant se passer d'importateurs et d'exportateurs, elle tînt libre toujours et jamais esclave le sceptre de l'univers ! Briserons-nous le sceptre pour prendre le joug ?

Les tarifs de douane sont remis à l'aréopage de la France. Qu'il me permette de le lui faire observer, il a commis une grande faute en ne déclarant pas aussitôt que tous les traités de commerce finiraient au fur et à mesure de leurs échéances. Nous devons à son hésitation une année de chaînes. Qu'il se lève aujourd'hui, pas demain ; qu'il montre qu'il a cédé à la surprise, non à la faiblesse ; qu'il dénonce d'une voix ces malheureux traités conclus sans le pays, malgré le pays, l'Empereur l'a écrit dans une lettre célèbre où il se rendait responsable ; qu'il abroge la loi du 5 juillet 1836 et sa queue de décrets et règlements ; qu'il soit le père de la métropole et des colonies ! et la confiance, je ne dis pas le courage, il ne nous a jamais fait défaut, la prospérité renaîtra dans notre belle patrie ; nous n'aurons pas une richesse inexploitée, et, tributaires de peu, nos tributaires se multiplieront tous les jours.

Mon Dieu ! si les étrangers nous livrent ce que la nature nous refuse absolument, c'est leur trop plein, ils nous le livreront toujours, et, si l'un y renonce, vingt le remplaceront.

Que blâme-t-on le ministère d'avoir déchiré des décrets qui s'étaient permis de faire une loi, d'avoir mis un terme au scandale des acquits-à-caution qui nous faisaient tant de dommage en privilégiant, dans un pays où la loi ne connaît que des égaux, des gens qui n'en avaient nul besoin, les constructeurs, et avec eux ces trafiqueurs, fainéants rapaces, qu'on trouve au fond de toutes les affaires ténébreuses, et l'étranger !

Quand une telle insistance poursuit un gouvernement, jusqu'à le forcer, ainsi que nous l'avons vu dans cette affaire des acquits-à-caution et des traités de commerce, ce n'est pas une plainte vaine, et un gouvernement sage y reconnaît la voix du peuple et la suit. Le ministère l'a compris pour les acquits-à-caution, et il a lancé l'énergique et soudain décret pour lequel nous devons lui voter des remerciments solennels. Il eût rayé la loi du 5 juillet 1836 touchant les admissions temporaires ; mais c'est une loi, la Chambre seule en a le pouvoir : qu'elle l'ose !

Je disais que le ministère avait compris la voix du peuple pour les acquits-à-caution. J'ajouterai qu'il l'a comprise aussi pour les traités de commerce ; mais certains obstacles étaient là, posés par ses prédécesseurs : un de ses membres, avec une franchise qui l'honore, l'a avoué au Sénat.

Cependant l'insistance continuait, semblable au torrent qui grandit et gronde dans son cours : le ministère a passé outre et ordonné une enquête *parlementaire*. Exprimons-lui-en notre gratitude et notre confiance que, l'enquête consultant tous les industriels de France au sujet *de leur industrie et non au sujet de ce qu'ils ne connaissent pas*, et la voix du peuple s'élevant de nouveau, les traités de commerce seront loyalement dénoncés. Il a ordonné l'enquête : il eût dû *défaire* sans les Chambres les traités de commerce *faits* sans les Chambres, et ordonner l'enquête.

On parle d'enquête. L'enquête est toute faite. Que l'on compte, au moment des débats, les industriels qui sont venus trouver les rêveurs, et que l'on compte ceux qui se pressaient autour des Lespérut, des Brame, des Thiers, des Pouyer-Quertier, cette grande victime. Je n'aurais pas voulu d'autre enquête. L'enquête, c'est cette insistance qui poursuit le gouvernement ; l'enquête, ce sont les ruines qui couvrent notre sol et qui ne sont plus même fumantes, et je vois avec tristesse l'enquête qui s'ouvre, demandant nos chiffres confidentiels, qu'on ne lui donnera pas, essayer encore la voie funeste des chiffres. L'essai n'est-il pas assez long, et de bienfaisants traités traîneraient-ils ce deuil et ces plaintes ? Après la guerre de dix ans, nous compterons nos morts, nous compterons nos naissances : ce sont les seuls chiffres que l'enquête ne demande pas, je m'en étonne ; ce sont ceux que nous produirons.

XI

Demain

Quel est le pays de l'Europe où la vie est à meilleur compte ? — Le Wurtemberg. — D'où l'on émigre le plus ? — Le Wurtemberg. — Pourquoi ? — Parce que l'on y vit difficilement. — Où vont-ils ? — Où la vie est cher, à Paris, à New-York, à Londres. — Pourquoi ? — Parce qu'ils y vivent facilement.

Il y a là un coin peu exploré et le plus curieux peut-être de la superbe économie politique. Voici la vérité, qui paraît si extraordinaire que les esprits à courte vue, qui siégent jusque dans nos chaires publiques, ne pensent pas à la regarder : c'est que, à richesse égale du sol, ce n'est pas où la vie est bon marché que l'on vit le plus facilement, c'est où l'industrie enchérit toute chose que l'on vit le plus facilement.

S'il m'est permis de me citer en exemple, moi aussi j'ai habité un pays bon marché, qui presse des vins pour la table des rois. Je n'y ai aperçu que des ombres pâles et la misère ; j'en suis sorti comme d'une mauvaise vision et j'ai regagné la France.

Laissons aux rêveurs les pays bon marché des sauvages qui vivent sans argent de l'ananas cueilli dans la plaine commune, et cherchons ceux où la vie est facile.

Chaque pays sera riche, sera libre, lorsque, tributaire des seules choses que la Providence lui a refusées, il ne laissera inexploitée aucune des sources de richesse qu'elle lui a départies. « Tu gagneras, a dit le Créateur, ta vie à la sueur de ton front. » Dieu n'a rien fait en vain. Il a donné à toute contrée le nécessaire, pour qu'elle travaillât et fût libre; pas tout, pour qu'elle se souvînt qu'elle a des sœurs sur la terre et que, sans nuire à la liberté de chacune, il s'établît entre toutes cet échange de services d'où naît la fraternité. Je vois poindre ces trois choses, dont les mots furent si funestes, qui peuvent être si sublimes : liberté, égalité, fraternité, sous le Père du ciel. Et de la richesse, de la liberté, de cette égalité qui règne entre frères même dont les uns sont riches et les autres pauvres, s'épanouiront, comme deux fleurs, la richesse et la liberté de l'univers. Tous se suffisant, bien que tous un peu dépendant de tous, le fléau de la guerre, dans la grande famille des hommes, deviendra plus difficile et plus rare, et, la course folle des choses n'en accroissant plus la valeur, nous retrouverons cette vie à bon marché de nos pères dont les rêveurs ont perdu le secret.

Pour la garantie d'un si bel avenir, mère de la confiance hors de laquelle on n'ose entreprendre, ce n'est plus la lumière ou caprice des souverains, mais les lumières des provinces de chaque pays réunies au foyer d'un même aréopage qui éclairent, leurs députés librement choisis qui décident les grands intérêts intérieurs, les lois, les transports, les travaux publics, et les grands intérêts extérieurs, la paix, la guerre, les tarifs de douane. L'aréopage hausse, baisse ou supprime ceux-ci selon la production toujours favorisée, pendant que la marine marchande grandit sous son bras tutélaire, prudente et sûre, avec l'exportation aidée, si l'on veut, de tarifs exprès vers la frontière.

Un monarque se trompe et s'obstine. Un aréopage se trompe et est remplacé.

Un monarque se trompe, il est honni. Un aréopage se trompe, c'est le pays qui se frappe : on subit le coup qu'on s'est porté, on hait celui qu'on a reçu.

Aucune résistance n'empêchera l'avenir d'atteindre ce but, qui est en même temps le plus ferme appui du pouvoir. J'admire que ce dernier se confie dans la force, droit de ceux qui n'ont pas de droit, glaive qu'une aventure peut tourner contre lui-même, et qu'il faille, pierre à pierre, l'obliger à laisser poser sous le trône ces assises paisibles sans qui les trônes croulent et chancellent. Grâce à Dieu, il commence à comprendre ces vérités.

L'illustre M. Thiers estime notre agriculture à 10 millards, et notre industrie de 5 à 6 milliards, moyenne 5 milliards et demi.

Si la France se changeait en un désert, nous devrions débourser tous les ans 10 milliards pour nous procurer les produits agricoles, et 5 milliards et demi pour les produits manufacturés, ensemble 15 milliards et demi.

Quelle désolation! il nous faudrait des rochers d'or.

Si ce désert de France un beau matin se réveillait avec tous les présents de la féconde agriculture, nous en éprouverions un immense soulagement, car ce serait tous les ans 10 milliards de moins à chercher ; mais il nous serait encore besoin de 5 milliards et demi annuellement, et *ce serait une bien pauvre agriculture, et bien à plaindre qui aurait à supporter cette somme accablante.*

Dieu est bon, et il aime la France. Quelque jour il fait surgir l'industrie qui sait ravir à la nature ses trésors inertes et sans valeur et leur donner le prix des choses utiles ou luxueuses.

Oserez-vous affirmer, beaux rêveurs, que la France est aussi misérable qu'hier où elle se mettait à demi ration, où elle prenait sur son pain 5 milliards et demi annuels pour ces objets fabriqués qu'elle se donne aujourd'hui en gagnant la main-d'œuvre, les transports, etc ?

Elle avait l'agriculture ; elle a l'agriculture et l'industrie. Ce pays agricole, l'agriculture gagne plus de la moitié en sus, par an 5 milliards et demi, une montagne de 36 milliards 666 millions 666 mille 666 livres de pain, 963 livres par tête à 38 millions 67 mille 64 Français, 13 grandes livres par famille de 5 personnes par jour. Et l'on se récrie si j'avance qu'il est plus difficile de vivre dans un pays sans industrie ! Peel, un des promoteurs du libre échange, a menti le jour où il a dit que son nom sera béni dans la chaumière du pauvre : son nom sera maudit dans la chaumière du pauvre !

13 grandes livres de pain par famille de 5 personnes, par jour, et quel capital, écoutez :

Ces milliards sont le revenu, et la valeur d'une chose n'est pas représentée par le revenu, mais par le capital de ce revenu : la valeur de notre industrie, ce que la France gagnerait à ce coup du ciel, serait 110 milliards, c'est-à-dire, avec les intérêts, au bout de 98 ans ou avant un siècle, 14,080 milliards.

Nous payons deux fois la dîme (les 15 milliards et demi de l'agriculture et de l'industrie paient 3 milliards d'impôts), et nous demandons qu'on laisse la France ramasser ces sommes insignifiantes et ce pain : il ne vaut pas la peine de les partager avec l'étranger.

Nous payons deux fois la dîme, et nous demandons qu'on nous protége.

FIN

Typ. Alcan-Lévy, rue Lafayette, 61